謝謝你們♡

Thank you!

我的好麻吉，让我守护你！

昆凌Hannah——著

九州出版社
JIUZHOUPRESS

CONTENTS

推荐序

昆凌姐姐·郑凯开——

狗狗是人类最忠实的朋友。

记得在一篇文章中看过一段话，“狗狗是我们的一部分，但我们却是狗狗的全部”。

这让我想起，小时候养了只狼狗，他很乖，出去散步、运动，都不用牵绳子，我跑快他跟着快，我走慢他跟着慢。有一天，我发现他有点跟不上我的速度，但还是努力地跟在我旁边，在昏暗的路灯下，我看到我们绕着走的路上有着一个一个狗脚印，走近一看，是红色的！第一个反应，马上扳起他的脚来看，果然，他的右前脚插着一小块玻璃。我吓到了，赶快将玻璃拔出来，带他回家消毒、搽药、包扎。

每次回想起他不顾自己有多痛，还是要跟着我、保护我，都会不禁鼻酸。谢谢你，IPIS！谢谢你用你的一生陪伴我部分的岁月，但我会用我的一生记住你的，就像现在 Hannah 用写真方式记录麻吉的一切，很真实、很温暖，希望可以和大家一起分享这份甜蜜。

导演 · 珍妮花——

“小小只，好可爱，刚开始认识很害羞，但熟了之后发现其实很有自己的想法和独特的个性。”这是我对麻吉的印象，不过其实套在他主人身上也是可以的。同样都是可爱动物痴的我和妈咪（自从 Hannah 当妈咪后我都这样叫她），也是因为聊狗经而开始熟络，看她跟狗狗们的相处就知道她已经完全可以当个娘亲了！麻吉遇上妈咪后，当了幸福的小男生，希望借由妈咪的力量能为更多不能得到幸福的动物们发声，让他们重新得到幸福和爱。当然也希望借由这本书能让大家更了解这两位小小只的、有个性的男孩跟女孩。

巨星御用化妆师 · 杜国璋——

认识“昆凌”不是因为某人，而是因为某事——我们都相当爱狗。
最初认识“麻吉”跟“昆凌”，直觉是上帝的组合。主人清秀中有时尚，麻吉纯真中带点任性，彼此相得益彰。每每因为工作造访，麻吉捍卫式的迎门，娇小玲珑的身形，尽是散发了无数抚慰人心的元素，马上被我拥入怀中。以前狗依赖人，为了生存；现代人依赖狗，为了生活。如果生活里有美学，每天除了抵抗“忙”以外，最需要的莫过于有“他”的陪伴。朋友可能因为过于熟识而失去尊重，也可能因为现实而失去纯粹，但“他”只选择无怨无悔地陪你经历所有。让我们拥有一起承受喜、怒、哀、乐的“好麻吉”吧。

方文山——

麻吉，疗愈系的毛孩子！

“麻吉”一词，从英文 Match 音译而来，其原意为“匹配”，现则专指默契十足，很合得来的朋友。所以我不得不说，为狗狗取名为“麻吉”真可说是神来之笔，这名字取得既传神又贴切，因为狗狗本就是人类最合得来，且永不离弃的好朋友！本书的主角麻吉，是一只现年三岁又七个多月的小型博美犬，甚得周妈与昆凌的欢心，可谓集三千宠爱于一身。每当周妈有事需来唱片公司一趟，十之八九总会顺带他来四处转转、见见世面，其乖巧的个性，与萌翻了的模样，非常疗愈系。每每总引起同事们争相抢着往怀里抱，也因此，麻吉可说是一只非常疗愈系的毛孩子。

“毛孩子”是近年来所兴起的对猫狗等宠物的称呼，因为爱猫爱狗的主人都会把他们当做是亲密家人，如同小孩般宠爱，所以，也就慢慢地将他们昵称为毛孩子（长着毛的孩子）。这些猫猫、狗狗除“毛孩子”的昵称外，甚至还有“喵星人”、“汪星人”的比喻，也就是说除了把他们当自家孩子宠爱外，也把他们当人看待，只是语言及想法不同，犹如外星人般难以理解。虽然这些毛孩子常常无意间惹出不少事端，但却无人苛责与打骂，因为谁都知道他们闯的那些祸，都是无心之过，不止无人谴责，反而还因他们可爱到爆表的萌表情与动作，增添了我们的生活情趣。

毛孩子自古以来即为我们人类的忠实伙伴，他们除了提供我们生活上的陪伴，丰富我们的精神生活外，同时也因他们自然流露的真性情，而让我们获得心灵上的慰藉。这些陪伴在我们生活周遭，等同于家人的毛孩子，并非都很幸运地拥有爱他们、善待他们的主人，有更多的毛孩子流落在外陷入困境，需要我们实时给予关心与协助。也因此，希望借由本书的出版，能让我们更加了解这些弱势毛孩子所处的险境，与所衍生出的种种社会问题，如流浪狗弃养，与一些不人道的繁殖等，让我们尊重生命，爱护动物，以领养代替购买，用结扎代替捕杀，从善待这些弱势的毛孩子做起。

方志友——

早在 Hathaway 跟 Mia 出生之前，我们都已是宝贝狗儿子的妈了，我们刚认识不久，狗儿子的话题在我们的对话中就占了不少，从谈论他们的个性到帮他们做造型、带他们一起喝下午茶……除了是我们的宝贝以外，他们更是我们的好麻吉。麻吉是迷你可爱的松鼠博美，而我的贵宾算是标准身材中的小巨人，两个宝贝现在更都是陪伴宝宝的可爱保母，我常常想，感谢他们陪我们体会人生，他们的一辈子，绝对值得我们疼爱，以后我们也会教导孩子好好珍惜这份绝对真诚的爱，很开心 Hannah 要把这太值得的一切分享给大家，因为麻吉真的太可爱啦，读者们有福啰！

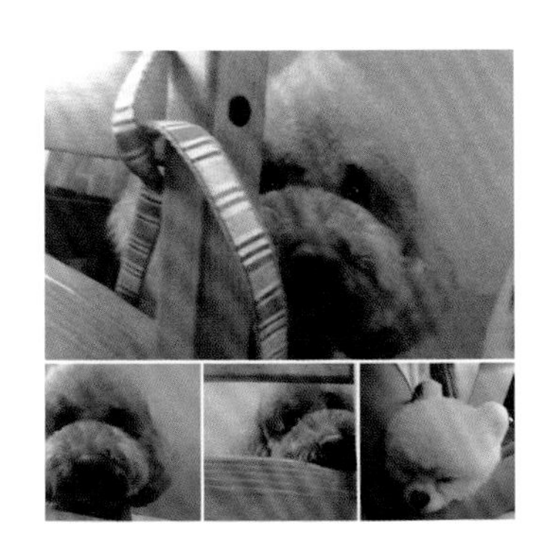

麻吉基本数据

性别 | 男

身长 | 22 公分

体重 | 2.1 公斤

尾巴

像条绳子

右边耳朵
有黑黑的毛
鼻头
有小小斑点

大家好，我是麻吉。

我的把拔、马麻在人类的世界好像很有名，
但对我来说他们就只是我的把拔、马麻而已，
我真的很喜欢他们。

我每天都很开心，
但我知道有些狗狗没有和我一样这么幸运……

马麻跟我说，她要把我介绍给大家认识，
而且还要交给我一个重要的任务，
不晓得是什么样的任务呢?

喔对了，忘了跟大家介绍，
这位就是我的马麻，她叫昆凌！
接下来就由她来和大家介绍关于我们的生活小点滴……

PART

1

和麻吉的每一天

PART

1

咔嚓！咔嚓！生活写真

麻吉是天生的衣架子，娇小玲珑的身躯、美丽的黑色右耳与圆滚的大眼，每次总会让我们忍不住想为他穿上各种不同的服装。也许是因为我们在麻吉小的时候，就常让他穿上各式各样的衣服，现在如果没穿衣服，他反而还会感到别扭呢！

麻吉的日常穿搭

STYLE 1

可能有些人会想“为什么要帮狗狗穿衣服”、“这样他不舒服吧”，而我也常常觉得没穿衣服的他其实也相当可爱，但可爱的麻吉好像一直觉得自己是人，穿上衣服后似乎显得更自在。

由于麻吉是松鼠博美的关系，身型与毛都相当的玲珑细致，某次在挑选麻吉衣服时，刚好看到了这个黑白的蝴蝶领结，大概因为右耳有黑毛吧，只要麻吉身上有黑色元素，就会看起来很搭，果不其然，这个领结让麻吉看起来像个绅士一样，帅呆了！

谢谢马麻的用心，
她对服装造型的独到见解，
让我成为有型的麻吉，
天天都能展现自信的一面。

STYLE 2

狗狗衣服的材质不外乎纯棉、纯毛这类，在冬天时保暖度相当好，不过有时候到了户外或者天气较温暖的时候，其实会担心过厚的材质是不是会让麻吉感到不舒服！因此我另外准备了几件使用透气网眼布料的衣服，这样，好动的麻吉即使在比较炎热的天气里也不用怕闷热了。

不同造型可能是因为出席不同的场合，也可能代表不同的天气或心情，
但不变的是马麻对我的爱，每天每天。

STYLE 3

这是我相当喜爱的一套衣服，是夏威夷风的帽子、衬衫及领结，有发现吗？帽子与领结有一圈缤纷的花，衬衫上则是写着 ALOALO，有种麻吉下一刻随时都会开始跳草裙舞的感觉！是套非常适合夏天的套装。

马麻自己去夏威夷，没有带我去，所以特地帮我带回一套“夏威夷男孩”风格的衣服，让我可以幻想自己也去过！

STYLE 4

有时候我会帮他准备几套比较休闲款的衣服，这套就是深灰色的棉上衣，搭配上红色领圈与黄色小鸭铃铛，既休闲又有特色。而且每次送麻吉去洗澡回来，身上都会多个福袋！

STYLE 5

可爱的麻吉平常如果不是跟布偶玩的话，就是在家四处走来走去，像在逛大街一样！有一天发现麻吉竟然在沙发上伸展与拉筋，每个动作都超到位，害我忍不住想说麻吉是不是偷偷自己在练瑜珈？

马麻的婚礼我也是穿这套出席的喔!

STYLE 6

这套西装我超爱的，也许因为麻吉右耳有一搓黑色的毛的缘故，所以穿上黑色的衣服特别好看，而且白色衬衫与黑色西装外套的设计相当细致，加上为了要让麻吉穿起来舒服，所以材质是很软的布料，神奇的是穿起来却很挺，可见我们家麻吉身材不错喔!

STYLE 7

这套居家服偶尔会有小蜜蜂的错觉，不过应该没有脸这么臭的小蜜蜂就是了（笑），黄色条纹跟黄色小鸭铃铛好搭，可是好动的麻吉已经把黄色小鸭铃铛额头的皮磨掉了……麻吉，你说说看这该如何是好？

不知道为什么，麻吉穿上这件湛蓝上衣后，一动也不动地冷眼旁观时，特别像只假的布偶！麻吉啊！偶尔也笑一个嘛！（是马麻要求太多了吗？）

这是一个变种蜜蜂的概念（笑），在麻吉衣服的挑选上，我希望可以是低调中又具有特色，像这件素面条纹搭配金属钻的衣服，就非常适合相当有个性的麻吉。

STYLE 10

虽然习惯了低调打扮的麻吉，但我有时也会搭配几件比较活泼的衣服给他穿，像是这件结合了街头嘻哈风元素、率性大 LOGO 与图腾的上衣……偶尔换些叛逆风格，感觉起来也挺有趣的。

麻吉
睡觉的地方

睡眠质量很重要，扣除吃饭、玩耍的时间，其实麻吉经常是躺在自己的小窝里休息的！也因此我们为麻吉准备了相当多种类的床，让麻吉可以挑选自己觉得最喜欢、最舒适的地方好好休息。右边照片这张床内层是柔软的棉花，豹纹设计也很美观，不过麻吉的睡眠怪癖就是非得要铺上毛巾或棉被，而且还要再抓个几下，所以另外帮他准备了粉红色小毛毯，果然睡得香甜极了。

玩偶界的小霸主

麻吉在我眼里，真的就像个从天而降的小天使，很娇小很可爱，偶尔看到麻吉安静地休息时，会有一种他是只玩偶的错觉，因此我们很喜欢把麻吉跟许多布娃娃们放在一块儿，像是鱼目混珠般让麻吉混在布偶堆里，看上去真的一点差别也没有，好可爱！而这么多布娃娃，其实全都是麻吉的玩具，加上麻吉对于玩偶特别的热爱，有时候家里即使出现一些不是要给麻吉的布偶，麻吉也会擅自把娃娃咬到玩偶堆里当自己的战利品，然后满足地在娃娃堆里睡着。

麻吉与 DUFFY

因为我非常非常喜欢 DUFFY，平常也有搜集 DUFFY 周边商品的习惯，举凡包包、娃娃都一定要收藏，加上我的朋友们知道我喜欢 DUFFY，只要有看到相关的东西也都会买来送我当作礼物，其中有一个就是比人还要大的 DUFFY 玩偶，某日心血来潮，我就把家中所有 DUFFY 玩偶都集中在一起想要拍个照留念，没想到在拍照的当下，才赫然发现麻吉藏在里面！完全都没有发现，也毫无违和感，真是萌翻全场的人了！

爱不释手的新朋友

我常会买许多小玩偶当礼物送给麻吉玩，特别是我怀孕的时候，怕他觉得自己被遗忘，所以替妹妹送了一个娃娃给麻吉。还有一次送了他一个小兔子布偶，没想到麻吉特别爱这只小兔子，就这样跟小兔子玩了一整天。因为麻吉脖子上有一颗小铃铛，所以当麻吉咬着小兔子玩偶在家奔跑时，我们都会一直听到铃铃叫的声音，感觉得出来他非常非常开心。过了一阵子后，忽然发现麻吉的铃铛声消失了，原本还担心他不知道发生什么事情，原来他玩得太累，可是又不想放开小兔子，所以就这样咬着玩偶在沙发上睡着了！重点是不管我们怎么摇他叫他，他都没有醒来，当下真觉得他像个小睡美人啊！

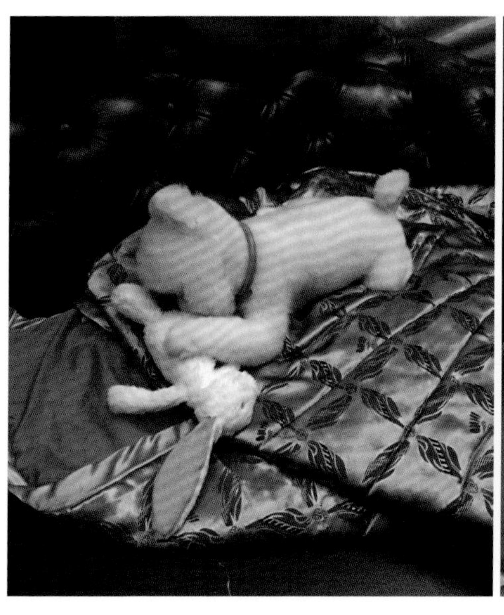

麻吉的
梦幻玩偶床

还记得小时候，看童话故事时，每个主人公的床边都有放了很多娃娃，很梦幻的那样满满都是玩偶，后来在帮麻吉布置他的床时，就忍不住帮他放上了很多布娃娃。而麻吉在睡觉的时候，有些特别的小习惯，他很喜欢睡在棉被堆之中，而且在睡前会先把这些棉被、毛巾与毯子抓呀抓的，铺成他想要的样子后，他才会欣然地躺上去睡，有时候真会不禁想着麻吉到底是人还是狗？

麻吉的特殊睡癖

麻吉准备睡觉的时候，都会经历一段很长的前置作业时间，而这段时间到底要做什么呢？麻吉首先会选一个定位，看今天是要跟心爱的娃娃们一起睡呢，还是自己一个人享受大床？接着，再手口并用地将床上的棉被整理成自己觉得最舒适的角度后，才会安心地躺上去。有时候麻吉很喜欢钻到棉被里，让自己被团团包围，看起来相当惹人怜爱。

麻吉
状况剧 1

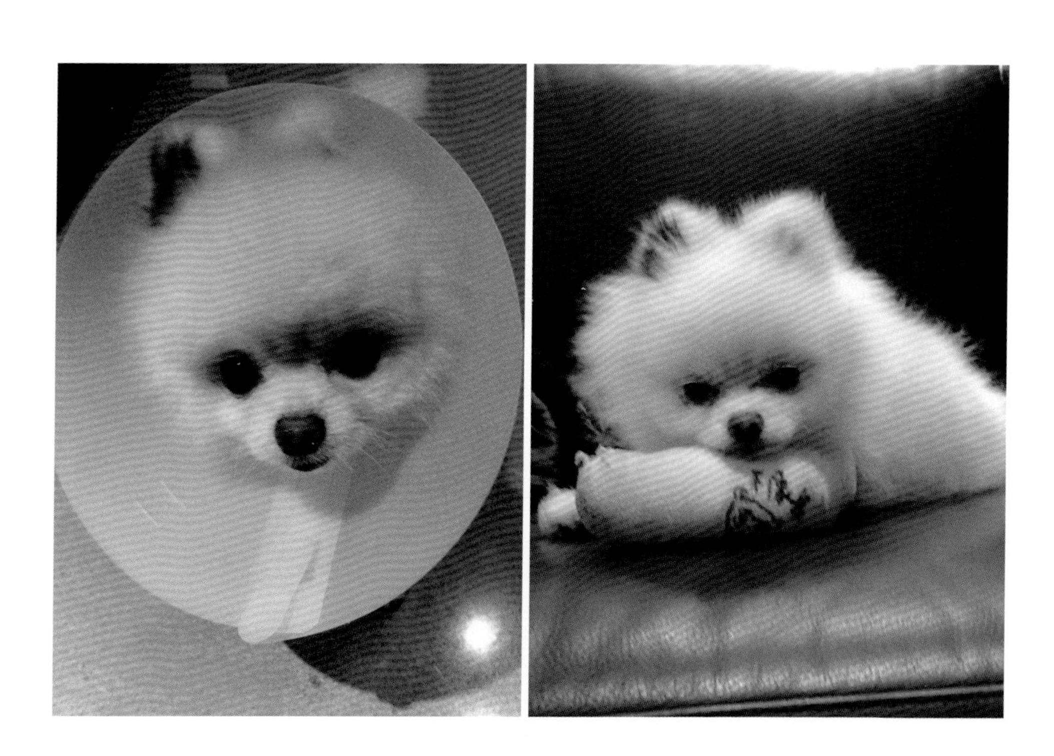

骨折了好心疼——

从小，家里就一直有许多毛小孩的陪伴，也因为这样的关系，我对狗狗们的照顾比较有经验，自从麻吉来到我们家之后，几乎没有让他受过什么重大的伤害，正在庆幸之余，没想到意外就这么发生了。

有一天，麻吉正在沙发上休息，听到我们回家的声音，一时太过兴奋，从沙发上一跃而下，准备冲到门口来迎接我们，殊不知这一跳，脆弱的关节没能承受这突如其来的冲撞，落地的那一刻开始，麻吉便发出凄厉的惨叫与哀嚎，当时真的把我吓坏了！着急地检查他身上哪里受伤，却怎么也看不出个端倪，只好赶紧带他去给兽医检查。经过医师诊断，确定麻吉是前脚骨折，因为高度跟落下的力道都太强烈，受伤的关节处必须得打上石膏才行，因此麻吉就度过了一段裹石膏的跛脚生活，那段日子以来真的令人心疼极了……为了避免再发生这种意外，后来无论是麻吉的床也好、沙发也好，我们都准备了小楼梯，让麻吉不需要再跳上跳下了。

麻吉
状况剧 2

厌食呕吐——

由于麻吉的饮食习惯很差，胃口也常令人难以捉摸，时常不是饿到吐就是饱到吐，所以肚子饿的时间也比较不固定，加上有时候会带麻吉出去工作或者散步，担心他会突然肚子饿却没东西吃，所以我们24小时都要随身携带着食物，只要一饿的话就让他补充小点心，虽然一天是正常的三餐，但时间实在太不固定，真的非常担心麻吉的肠胃会饿坏。

PART

1

一起工作一起玩！

对我来说，家庭与工作都在我生命中占有相当重要的份量，在家里，我是妹妹与麻吉的好妈妈、先生的好太太、妈咪的好女儿、姐姐的好妹妹。工作时，我会投入120分的专注去完成所有的指令，而我也常常将麻吉带在身边一起工作，有他的陪伴，工作也是愉快的享受！

麻吉通告初体验

杂志拍摄——

有的时候，工作一忙起来，就会有很长时间见不到家人，特别是麻吉这个黏人又需要被照顾的毛孩子，因此在他来我们家没多久后，我就开始带着麻吉一起到工作现场（一种经纪人二号的概念）。一开始，麻吉总在一旁专注地看着我工作，偶尔等累了，就拿我的衣服来当棉被睡上香甜的一觉，没想到就这样跟了几次，突然获得了微风集团廖晓乔总监的赏识，发了麻吉的第一场通告！

Breeze
Twinkling & Sparkling New Year's Party
微風松高
SONG GAO
璀璨星光跨年派對
2014/12/26(Fri) ~
2015/1/18(Sun)
微風代言人 昆凌、麻吉

微風
Breeze
2015.1.15 (Thu) ~ 2015.1.28 (Wed)
微風聯名卡新春獻禮
微風廣場 微風松高 微風南京
微風忠孝 微風台北車站
- 五館同慶 -
微風代言人 昆凌
特別演出 麻吉
HAPPY NEW YEAR, VIPs!!!

微风广场 2015.01.15-01.28 封面拍摄——

廖总监当时见了可爱的麻吉几次，麻吉十分得她的缘，加上麻吉在我的工作现场总是表现得像个人一样，不像其他的宠物会乱吼乱叫，真的很像一位监工，比谁都还要更专注地看着我工作，因此，廖总监便安排让麻吉与我一起搭档拍摄封面。

第一次搭档变成了我最爱的麻吉，拍摄时真的好开心，但同时也担忧不晓得麻吉是不是可以负荷这样长时间的拍摄，而且由于他平常已经习惯穿衣服，一度要他全裸上阵，让麻吉感到焦虑不已，不过还好除此之外配合度超高，工作态度实在很专业，值得称赞（笑）。

而且如果大家有仔细看每张照片，应该会发现麻吉脖子上常常戴着这个蓝色项圈与铃铛，这可是他的招牌配件喔！

微风广场 2015-2016 跨年封面拍摄——

这场拍摄是微风广场 2015-2016 的跨年封面，当时廖总监想要营造出公主与狮子的感觉，因此就想让麻吉扮演狮子的角色与我一同拍摄，但由于这次的拍摄又得要全裸上阵，麻吉又花了好长的一段时间才抓到感觉。说来也奇怪，只要我就位，麻吉就会自动走到我身边乖乖坐下，并且展现出不同于平日的气势，但也许是因为没有穿衣服的缘故，常常拍一拍就不小心流露出无奈的神情，令人心疼又好笑。

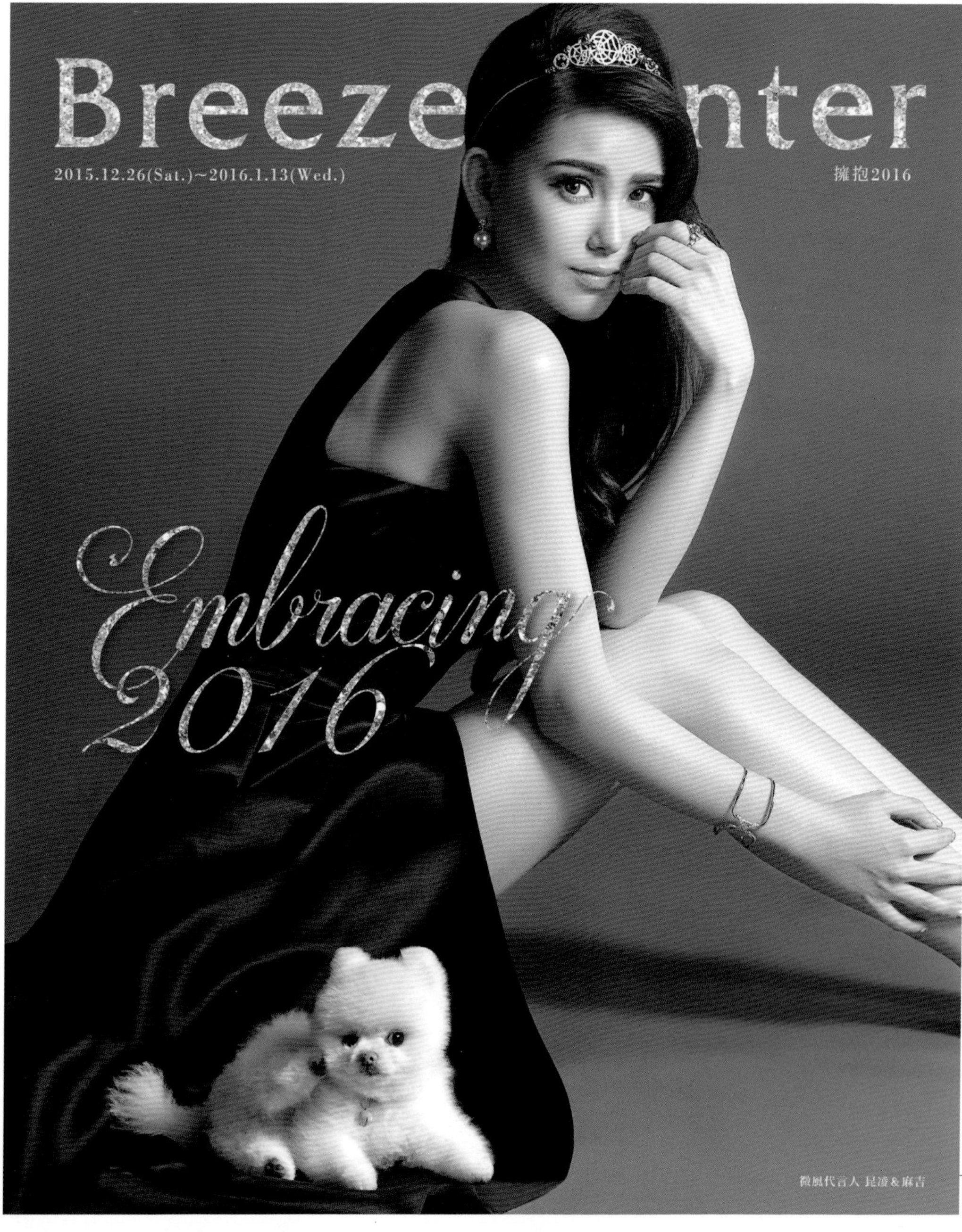

Breeze nter

2015.12.26(Sat.)~2016.1.13(Wed.)

擁抱2016

Embracing 2016

微風代言人 昆凌&麻吉

这次的拍摄是由苏益良摄影大师与我们在欧洲举办婚礼时的指定设计师一同连手完成，整体造型相当浪漫有气质，苏益良摄影师的功力实在令人钦佩！

微风广场 2016.01.14-02.14 情人节封面拍摄——

这次的造型是蝴蝶结风，而且也许是因为麻吉的表现太好了，没想到竟然抢了我的风头，占据了杂志的另外一页封面！不过由于这场拍摄又是全裸，麻吉的表情真的是无奈到了极点，加上发流的关系，呈现出一个很有趣的画面。

B ze

微風松高

SONG GAO

My Sweetheart

2016.1.14(Thurs.)~2016.2.14(Sun.)

微風代言人｜昆凌&麻吉

另外一张由麻吉独当一面的封面，麻吉化身为贵气十足的毛孩儿，全裸加上饰品的重量，麻吉的表情比过往来得复杂许多，而且拍摄过程中常常会拍出三点全露的照片，感觉太害羞了，所以后来还是选了张让他站着的可爱模样。

Br e
微風松高
SONG GAO
2016.1.14(Thurs.)~
2016.2.14(Sun.)
2016
Happy
Chinese
New Year

香港杂志拍摄——

在 2015 年夏天时，我们曾帮香港杂志进行拍摄，这次麻吉也同样有入镜，不过又因为没有穿衣服的缘故，一直露出“呜呜，我又裸体了，好丢脸哦”的无奈神情（但只要开始拍摄，麻吉仍然会乖乖地走到我旁边坐下，虽然表情还是一样无奈），这时候就很考验我们大家的耐力了，不穿衣服的麻吉总是不看镜头，一旁的工作人员花了好长的时间才安抚好麻吉的情绪，直到他露出愉悦的神情配合拍摄为止。

其实在拍摄这样的杂志过程中，我常会担心麻吉会不会感到疲惫，但因为我们工作团队的人都非常有爱心，愿意陪着我一起照顾麻吉，如果麻吉有表现出疲倦或不适，一定会让他休息，把他伺候得像大爷一样，直到他开心为止，呵呵。

麻吉和
他的好朋友们

麻吉真的是很幸福的毛小孩，平时有许多长辈的疼爱，更拥有一群好朋友，常常一同玩耍，毫不寂寞。我的化妆师最常将 SOFY 带在身边一起工作，但因为他才不到 2 岁，性情还不是很稳定，常常得要等他巡视完摄影棚，熟悉环境后才会安静片刻，否则看到陌生人就会疯狂大叫，个性超级活泼！

还记得有一次我们到阳明山上进行拍摄工作，当天化妆师把她养的四只狗狗全都带来现场，分别叫 DUFFY、OPi、Nify 与 SOFY，再加上麻吉总共就有五只狗狗，阵仗大得像个偶像团体一样，现场好热闹。

这群毛孩子聚在一块时，现场总是超欢乐，连我的经纪人也忍不住对着可爱的他们拍照纪念。这张照片是他们在抢零食的时候所拍摄的，白底黑点是 OPi，黑底白点是 SOFY，粉红是 Nify，而仅有背影出现的则是 DUFFY。DUFFY 反应超灵敏，当其他狗狗还在抢零食时，他发现另外一个人手上也同样有零食，就马上转过去讨食，当下好想帮他配音："一群傻孩子！哥不用跟你们抢就有得吃了！"

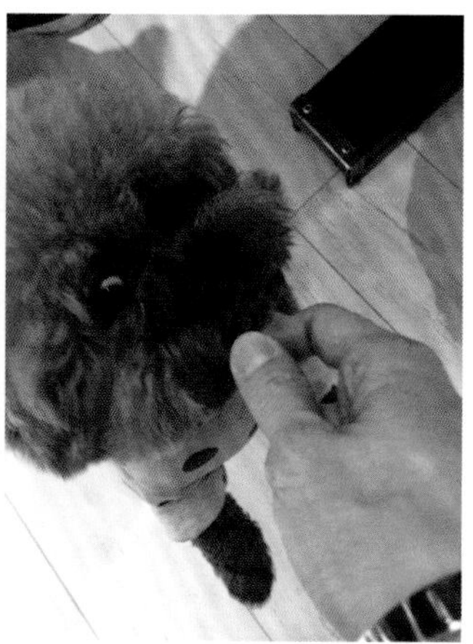

OPi 非常小一只，虽然光是看照片的话可能会觉得他很大，但其实一切都是误会，只是因为 OPi 的造型像蒲公英一样“头大身体小”，实际上，他可是比麻吉还要来得娇小呢！今年快要 7 岁的他，非常文静乖巧，当其他毛孩吵吵闹闹的时候，他总是在一旁乖乖地冷眼旁观，也常常会躲在化妆师身旁或者包包内，超级可爱的。

这只叫 DUFFY，DUFFY 是化妆师朋友养的狗的小 Baby，在他小的时候，我很想要养他，可是当时我有了妹妹，经过一段时间观察后发现 DUFFY 常常会大叫，怕吵到妹妹，可能现阶段不太适合养，所以又让化妆师带回去，真的好舍不得。

DUFFY 是一只非常爱吃的贵宾狗，也是所有毛孩中体型最大的一只狗狗，虽然才只有 6 个月大，但仍在持续长大中，他最特别的地方，是他会学人类一样站着走路，而且脚步非常稳健、持续时间也相当长，超级厉害！仔细看照片，会发现 DUFFY 的脚是白色的，可能就是因为这样吧，大家常常会不小心踩到 DUFFY 的脚，他就会很崩溃地哀嚎尖叫。但又有几次，我们发现即使只是轻轻地碰到他的脚，并没有真的踩到他，他仍然会崩溃大叫，朋友都戏称他演技很好，呵呵。

而 6 岁的 SOFY 前脚有一点小毛病，坐着的时候，脚的肌肉就会变得紧绷，经过医生检查后，发现骨骼不太好，有点 O 型腿的症状，不过对生活不会造成太大的问题，这让我们松了一口气。

偷偷跟大家说，有一天我们在拍《女人我最大》杂志和乐天网站的专访活动时，化妆师把 SOFY 带来现场玩，虽然当天 Nify 也有来，可是 SOFY 就不像 Nify 一样四处巡视摄影棚、跑来跑去的，反而是很乖地在一旁休息，但可别以为 SOFY 看起来斯斯文文的，感觉好像很好欺负，每次当 SOFY 跟 Nify 打架时，Nify 都会输，而且 SOFY 非常厉害，会攻击 Nify 的脖子，身手非常矫健，是个专业的打架高手。

带麻吉去访友

因为是松鼠博美的关系，麻吉的体型一直都是这样小小的，长不大，每次看见他，内心都会忍不住想“怎么这么可爱呢？”

这天，我们去见了2015米兰时装周认识的设计师，在等待的过程中，麻吉原本还很开心地四处张望，但也许是因为有点点小感冒，脸看起来比平常还要憔悴，没多久后就跑去躲在我的外套里，真是心疼。

THIS SPACE FOR WRITING MESSAGES
POST CARD
Wish you were here!
Love,
Jeremy

工作
番外篇

化妆师的 partner 玉珊是个非常厉害的训兽师，在现场所有的狗狗们无一不被训练得服服贴贴（当然是要玉珊本人在的时候啦），像以前 DUFFY 非常爱四处乱跑，又特别喜欢大叫，被玉珊训练过后，现在可是乖得呢！

每一次公司拍摄时，很多部门的同事都会一同到现场来陪伴我们，这天刚好遇到美宣科的同事，看麻吉给他抱的时候，好有小鸟依人的感觉。

麻吉有个可爱的小习惯，当他想要给人抱的时候，他不是直接跳到你身上，而是像倒车一样慢慢地用屁股朝向你，并且停在你面前，所以下次如果麻吉这么对你做，就代表他愿意让你抱啰。

我的前经纪人很喜欢偷拍麻吉，因为麻吉是只会把喜怒哀乐情绪表现在脸上的狗狗，而这张照片就是他平常最常露出的表情——不屑的脸。

不管在家或是工作空档，我都常常拿着相机记录和麻吉在一起的时时刻刻，每当翻看旧照片时，都会忍不住想着“还好当时有拍”，因为我真的想好好牢记属于我们的每一段回忆！

PART 1

放假啰，蹓跶蹓跶去

虽然我们都很忙，但一到假日还是会想带麻吉到处走走，虽然麻吉一直觉得自己是人，不习惯常常在户外草地上奔驰玩乐，但我们依旧带着他到处认识新朋友！

与麻吉一起
过中秋

还记得去年中秋节的时候，约了好多朋友来家里玩，因为麻吉也是很重要的家人，所以那天他也跟着我们一起烤肉、一起玩。当时烤肉烤到一半，忽然看到网络上有很多照片，大家把柚子皮剥下来做成柚子帽后，戴在狗狗的头上，我们手边也有柚子，就想要做一顶柚子帽给麻吉戴戴看！刚戴上去的时候，原以为麻吉可能会挣扎、把帽子甩掉，或者开心地到处跑，但没想到麻吉竟然就像是木头人一样定在那儿动也不动，模样看起来真的超级可爱。试了几次，只要麻吉戴上帽就不动、拿掉后就会动，我们猜想麻吉可能觉得戴帽子不太舒服，就赶快拿掉了，虽然很担心他不开心，不过说实话，戴上柚子帽的麻吉，真是可爱极了呢！

海边戏水

最近我们常会带麻吉出去走走，像是三芝那边的白沙湾，麻吉非常喜欢在沙滩上奔跑、挖沙。原本以为他会喜欢玩水，但没想到每当浪一冲上来，麻吉就立刻逃跑，不断地跟浪玩追逐游戏，超可爱的。

遇见草泥马

之前有一次，我们带麻吉去三芝草泥马咖啡厅，第一次看见草泥马时，麻吉就非常兴奋想要跟他当朋友，可是草泥马一点也不领情，只觉得麻吉很烦，一直摆出无奈的表情看着逗弄他的麻吉！后来我们就用红萝卜引诱他，想让他更靠近麻吉一点，没想到他吃完红萝卜后立刻甩头就走，完全不想理会麻吉，这让平时摆惯高姿态的麻吉超沮丧。

公园散散步

如果有时间，我们也会带麻吉去河滨公园玩，那里相当漂亮，而且还有一个狗狗园区，所以麻吉常常在那边玩耍。不过因为麻吉总是把自己当作是人，所以不愿意走草皮，每当有狗狗想要靠近他、跟他玩时，他就会生气，有时候我们都想，如果麻吉是人的话，大概就是那种超难相处的人吧？哈哈。

搭车的小怪癖——要驾驶座的人抱抱

麻吉每次外出搭车时，都会有个很奇怪的癖好，那就是一定要驾驶座的人抱他！所以每次一上车后，麻吉就会大吵大闹地要跳到驾驶座让人抱抱他、哄哄他，直到他开心为止，他才会开心地换人抱，真不知道这种奇怪的习惯是从哪来的呢！

外出配备
麻吉推车

为了让麻吉出门时方便一些，我们特别准备了一台非常便利的麻吉专用推车，这样不管是到餐厅或者郊外，麻吉都可以舒适地躺在自己的小车车里。车子的外型是很朴实的黑底圆点点风，跟麻吉的黑耳朵可以相呼应，里头也会放一些麻吉的必备品，看上去真的很像个小婴儿！

麻吉咖啡厅

我们最近为麻吉开了一间“麻吉咖啡厅”，整个咖啡厅的装潢、餐具到餐点都结合了跟麻吉有关的元素，特别像是松饼、咖啡等，都有很多精致的小巧思在里头，可能因为是以麻吉为名的店吧，总觉得他在里面好像特别自在，我们也就常常带他过来，帮他拍好多可爱的照片，让他当当一日店长，在这边他受欢迎的程度好像快超越马麻了呢，大家有空的话，欢迎来店里找我跟麻吉玩喔！

machi
Doggie

我喜欢安静窝在马麻的身边，
陪她做任何事，分享她的心情，
也让她知道我每时每刻都在想她。

ROCK-OL

Mochi
Doggie
COFFEE

来自情感的温暖是什么都比不上的，
因为马麻对我的呵护与照顾，
让我觉得就算世界那么大，有趣的事情那么多，
但我就是喜欢赖着她、黏着她不放。

“马麻，说好了，永远都不能放开我喔！”

谢谢马麻这么爱我，
我真的觉得好幸福喔！

马麻：

“有一些幸运的狗狗跟麻吉一样，被人类的家人们照顾、疼爱着，
但也有一些不幸的狗狗必须要辛苦地在外面流浪，
有时候还会遇到坏人呢，我们该怎么帮他们？”

麻吉：
“遇到坏人？
听起来好可怕，这怎么可以！”

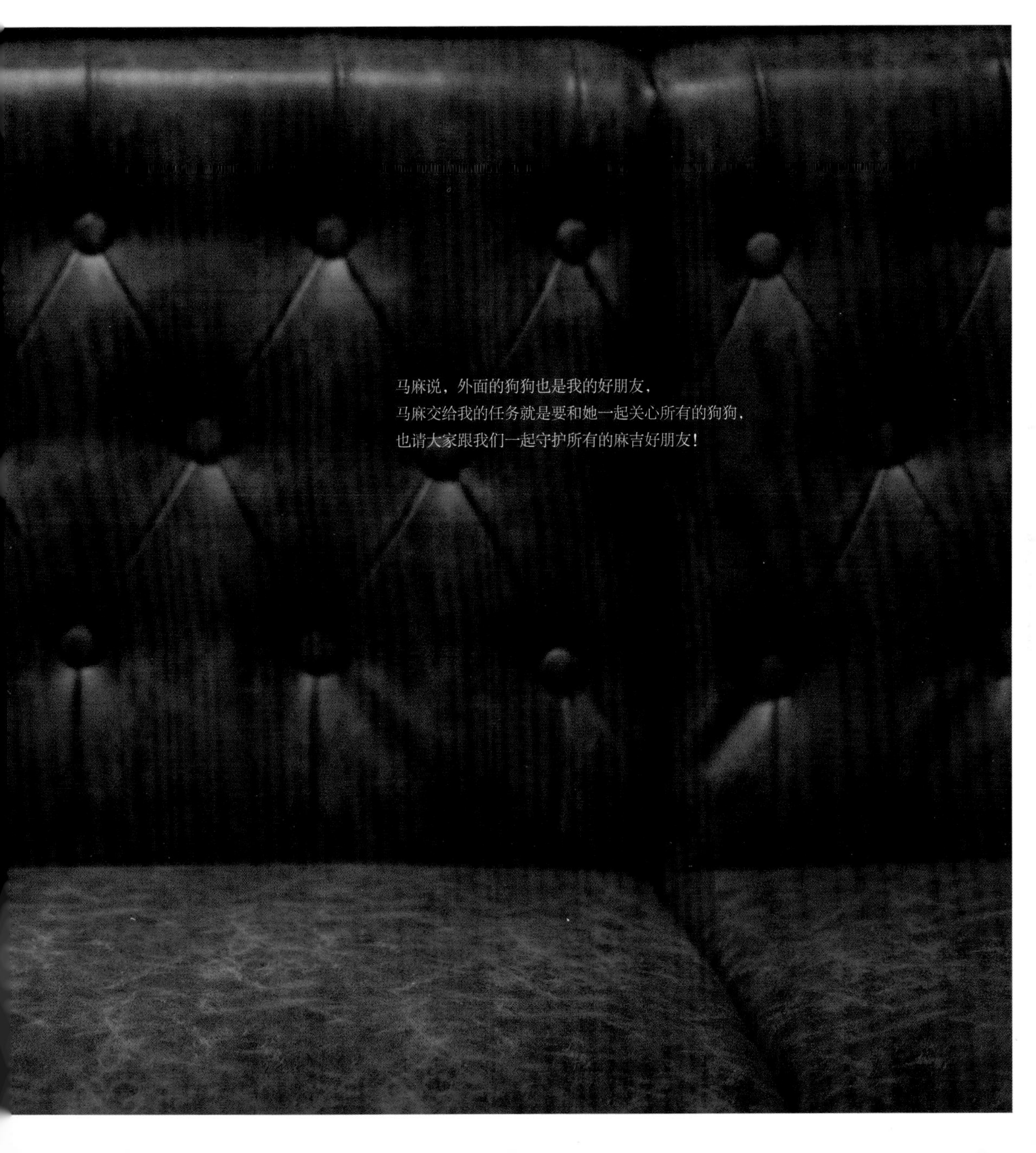

马麻说，外面的狗狗也是我的好朋友，
马麻交给我的任务就是要和她一起关心所有的狗狗，
也请大家跟我们一起守护所有的麻吉好朋友！

PART

2

麻吉好朋友：我们要永远在一起！

每当看见虐待动物的新闻、捕杀流浪狗的新闻，都让人心情很沮丧，这么可爱的小动物们就像人类的小孩子一样，需要我们的关心和照顾，一旦养了他们就是许下承诺：“不离不弃、负责到底！”

adidas

这个下午，
我们之间传递着一股最温暖的善意，
麻吉和我、志愿者和流浪狗们，
彼此都是同一宇宙里的生命共同体。

从小我就特别喜欢狗狗，
我知道饲养宠物就是一个责任，
他陪你走一段路，
你却可能是他的一辈子！

饲养前，你真的想清楚了吗？

养宠物前需要思考哪些事？

1 · 你真的喜欢动物吗？养宠物前有没有做好充足的功课？

2 · 每天的作息时间和工作时间固定吗？

3 · 下班之后有足够的时间和体力与宠物相处互动吗？

4 · 当宠物有临时状况需要请假，能做到吗？

5 · 当自己无法照顾宠物时，有亲朋好友可以帮忙吗？

6 · 会因为工作因素时常出远门吗？

7 · 当宠物的生活规律没办法建立时，愿意花时间、金钱去上课训练吗？

8 · 当宠物破坏居家环境或是家具时，有耐心、爱心可以包容教导吗？

9 · 同住的家人或室友也可以接受饲养宠物吗？

10 · 住家环境可以饲养宠物吗？（例如租屋限制或是邻居的限制等等。）

11 · 每个月将有至少 400 元人民币的额外开销，经济能力可负担吗？

12 · 未来 15 年内你做的决定都必须考虑到你的宠物，你能够对他不离不弃吗？

如何挑选一只适合的宠物？

养猫、养狗很不同！你清楚知道自己比较喜欢和人互动频繁亲密的狗狗，还是独立性较高的猫咪吗？不论你是猫派还是犬派，都要衡量以下的条件，再来决定自己适合饲养的宠物。

1. 喜欢狗狗还是猫咪？知道他们的生活习性与性情差异吗？
2. 自己对于饲养宠物的期许是什么？想要和他一起出外踏青奔跑，还是在家互相陪伴为主？
3. 居家空间有多大？适合饲养多大体型的动物？
4. 若想饲养大型宠物，需要的空间和花费都会随之增加，要先衡量自己的经济能力。

购买还是领养

养宠物前先中立地分析购买和领养的优劣之处，宠物是同伴动物，并非用来炫耀的物品或工具，如何找到适合自己个性、生活习性及居家环境的宠物，比饲养什么品种的动物来得更重要！

1 · **购买的优点**

银货两讫就可以得到品种动物，省时省事。

2 · **购买的缺点**

除非亲眼所见的优良犬舍、猫舍，否则一般繁殖业者会让繁殖母犬、母猫在极差的环境下生产和饲养，造成小动物的基因和健康上都有缺陷。

3 · **领养的优点**

不需额外花费，被领养的动物也可以重获新生。

4 · **领养的缺点**

要找到心中理想的宠物费时费力，也要花较多时间取得送养人的信任。

所谓的动物繁殖场是如何运作的？

我们时常驻足宠物店橱窗，看着各种小动物或醒或睡，在我们惊叹“好萌！好可爱！”的同时，却可能忽略了他们背后隐藏的残酷故事。

在繁殖场中用来繁殖下一代的猫妈妈、狗妈妈，如果幸运的话会被关在一个铁笼子里，他们必须在这个小盒子中进行所有的活动，包括吃东西和排便，而这个笼子甚至小到他们生出了宝宝，还得要踩在宝宝身上才挪得出活动的空间。

生下来的宝宝在还没有适当地断奶之前就会被人类抱走，被抱走的小猫小狗因为还没学会如何吃东西，可能会死于挨饿，而还在哺乳时期的妈妈，却马上又被强迫受孕，紧接着进入下一个生殖周期。他们被当作是小猫小狗的生产机器，除了一直持续怀孕之外，每 6 个月还要经历一次禁闭且不卫生的生活，他们的乳头经过长期不断的怀孕与哺乳，最后通常会长出非常疼痛的乳腺肿瘤，而这整个过程中，往往没有兽医的照顾，也没有恰当的饮食，使得这些猫妈妈、狗妈妈变得很容易生病，很容易耗尽体力。

完全缺乏运动、精神上受刺激、情感被剥夺的状况，常常使得这些妈妈发疯，并且做出重复性的不正常行为！更可怕的是，在他们 5 到 8 岁无法再对繁殖场有任何贡献的时候，就会被杀掉，而且很讽刺的，那可能是他们这辈子第一次走出像监狱般的笼子。而他们的宝宝命运也很悲惨，这些小狗会被关到铁笼子里、失去与人类接触的机会，因而导致社交能力不足，即使日后终于找到了一个家，却很可能因为无法与人类共同生活，终至被丢弃的命运。

为了维持低成本的运作，这些小狗不会有兽医，生病与受伤的会被杀掉或是被卖到研究中心。而繁殖场喂他们的饮食也都是最便宜、最低质量，甚至常常是带着蛆的腐烂食物，这些食物对小狗们而言仅足够维持生命而已，他们往往因为摄取的营养不足，而招来牙齿坏掉或牙周病等问题。另外，也因为近亲交配的关系导致许多基因疾病，让繁殖场的狗狗常得受身体或是心理上的折磨，痛苦不已！

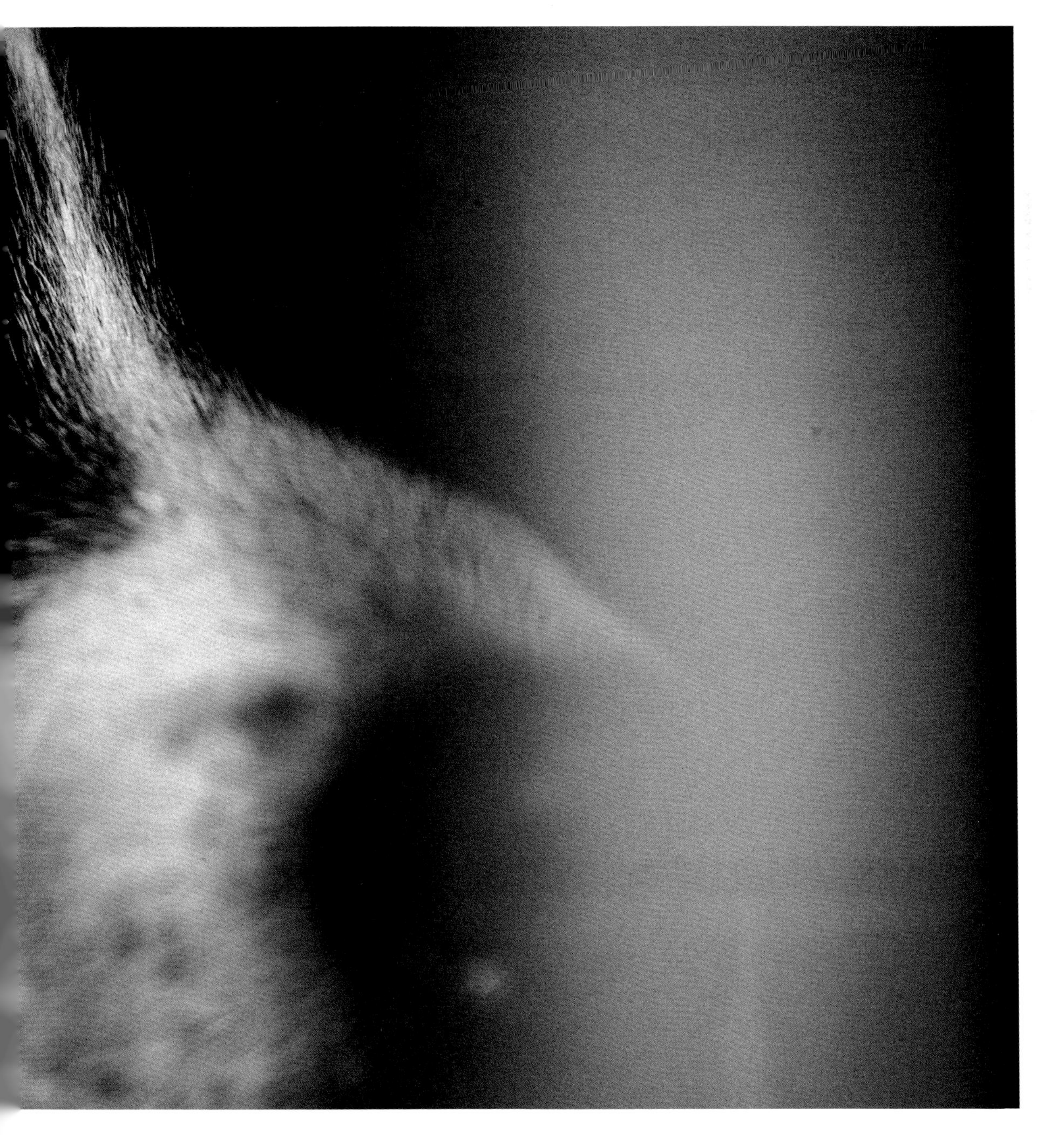

破解品种迷思

养动物的心态就应该像养小孩一样，每只狗狗都是可爱的，你把他带回家，就要照顾他一辈子，真的不需要为了虚荣心而坚持饲养纯种的狗。专家说，养米克斯有很多优点，以下列出给大家参考：

1· 因为不是纯种，加上在地化的基因，米克斯对环境的适应力更强。

2· 基因多样化，比较不会有遗传性疾病。

3· 聪明度平均高于纯种狗狗。

4· 比较没有体臭问题。

5· 部分米克斯狗狗比较顾家，且对主人的信赖度也较高。

6· 米克斯狗狗的平均寿命比纯种狗狗长。

提到纯种狗狗，就让人联想到非法的私人繁殖场，究竟要如何制止这样残忍的产业呢？专家说答案很简单，那就是“不要从这些地方购买你未来的同伴动物”！

这回到了一开始的问题，在养宠物之前必须要考虑到的是你有没有时间和条件去饲养、照顾他们？特别是狗狗有丰富的情感生活，他们需要很多的爱、关注还有身体上的照顾，最基本的就是固定的散步时间和提供狗狗健康均衡的饮食。

如果那些条件都符合了，建议你可以到当地的收容所或是动物救援团体去寻找有缘的狗狗，收养他，给彼此一次幸福的机会。

收容所如何处理流浪动物？什么状况下他们会被安乐死？

收容所只对流浪动物提供“收容”的基本照顾，且大部分的收容所缺乏足够的动物医护人力（兽医、动物照护员、义工）、能力（药品、技术），也缺乏医疗、术后照顾的适当环境，因此进入收容所的动物很难获得实时的医疗照护，轻者任其疼痛（顶多给消炎药物），伤重者则任其死亡或施予紧急安乐死。

医疗、麻醉或手术后都需要单独安置及干燥温暖的环境，才能确保他们不被其他动物骚扰攻击，并保持伤口干燥避免发炎加重病情，但多数的收容所空间稠密，没有能力提供隔离笼舍，而有少数收容所会在收容期间对重大伤病动物施予紧急安乐死，但对于哪种程度才需要紧急安乐死的认知不同、定义不明且缺乏讨论，不同收容所甚至同一收容所的不同兽医，都可能会因经验及专业不同而有不同的判断。

那么，领养流浪动物需要注意哪些事？

流浪动物因为集中收容的关系容易有传染病，在领养后最好先带往动物医院做详细的健康检查，若健康无虑再进行疫苗注射。如果家中有其他宠物，建议先在动物医院隔离，避免在疾病的潜伏期内将病菌传染给家中原有的宠物。

另外，大多数主人对流浪动物过去的成长历程是完全未知的，有些曾经受到虐待的动物会对人类产生极度不信任的状况，甚至可能因为流浪期间被欺负和驱赶，而对人类有排斥心态，面对这样的狗狗一定要有更多的爱心与耐心，他们的行为问题最终都是可以改善的。

在路边看到流浪狗狗，该如何处理？

如果在路边遇到流浪狗，可以简单地给他一顿饭或是一碗水，他们的饲料在便利商店都可以买到，很方便取得。

如果想带回家饲养，不要一开始就贸然地接近他，要先观察一下狗狗的个性是否对人友善，而这通常可以从他的尾巴和态度得知，如果感觉狗狗的态度是友善的，可以先蹲下身、伸出手背让狗狗主动靠近嗅闻，但如果狗狗没有主动靠近你，也请不要逼近或强行触摸他，要耐心地以渐进的方式和他拉近距离，等他释出善意后再看看能否上牵绳带回，且带回家之前最好先去附近的动物医院扫芯片，确认他不是别人家走失的狗狗。

如果无法带回家养，就让狗狗继续在原地自在生活吧，但别忘了给些食物和水，让他有好的营养和体力可以面对街头流浪的生活。

感谢热情、热心的动保团体，
因为有他们的付出，
让流浪动物得到更好的照顾。

最后，提醒大家，如果有想要领养流浪动物，可以跟以下单位洽询，特别是一些动保团体会不定期举办送养会或是在线送养活动，都是领养流浪狗的好时机！

1・ 大自然保护协会 TNC

2・ 北京领养日

3・ 爱猫爱狗义工团

4・ 亚洲动物基金 AAF

5・ 国际爱护动物基金会

6・ 流浪动物保护协会

我想要许愿：我和马麻、把拔永远不分开；
我想要许愿：世界和平，不再有人欺负弱小；
我想要许愿：所有流浪动物都找到一个家；
我想要许愿：每天都是我们独特的纪念日。

人类世界的爱是特别美好的事，
希望所有狗狗都能找到疼爱自己的人。

我们其实很简单，
只想人类可以好好陪我们、爱我们，
给我们一个温暖的家！

图书在版编目（CIP）数据

我的好麻吉，让我守护你！/ 昆凌Hannah著. --北京：九州出版社，2016.5

ISBN 978-7-5108-4407-2

Ⅰ. ①我… Ⅱ. ①昆… Ⅲ. ①动物保护 Ⅳ. ①S863

中国版本图书馆CIP数据核字（2016）第112216号

本著作通过四川一览文化传播广告有限公司代理，由台湾凯特文化创意股份有限公司授权出版中文简体字版

我的好麻吉，让我守护你！

作　　者　昆凌Hannah　著
出版发行　九州出版社
地　　址　北京市西城区阜外大街甲35号（100037）
发行电话　（010）68992190/3/5/6
网　　址　www.jiuzhoupress.com
电子信箱　jiuzhou@jiuzhoupress.com
印　　刷　天津市豪迈印务有限公司
开　　本　787毫米×1092毫米　24开
印　　张　6.5
字　　数　100千字
版　　次　2016年7月第1版
印　　次　2016年7月第1次印刷
书　　号　ISBN 978-7-5108-4407-2
定　　价　45.00元